JEAN-JACQUES BARLOY

LA VIE SOCIALE DES ANIMAUX

LANGAGES, TERRITOIRES, PARADES NUPTIALES...

LE LIVRE DE PARIS - HACHETTE

De la vie solitaire à la vie sociale

Les hommes ne vivent généralement pas seuls : ils vivent en « sociétés ». Chez les animaux, c'est un peu la même chose. Beaucoup vivent en bandes, en troupeaux, en colonies ou en familles. Qui n'a eu l'occasion de voir une bande de mouettes volant au-dessus d'un lac, ou d'observer l'agitation d'une fourmilière ?
Comment se déroule la vie dans ces sociétés d'animaux ? Existe-t-il chez eux une sorte de langage ? Y a-t-il, dans ces colonies, des chefs qui commandent aux autres ? Telles sont, entre autres, les questions auxquelles nous allons répondre dans ce livre.

Peut-être avez-vous déjà vu, au bord d'une rivière, un splendide oiseau, brillant comme une pierre précieuse, qui rase l'eau à toute vitesse. C'est un martin-pêcheur. Or, on ne voit jamais deux martins-pêcheurs ensemble, sauf à l'époque de la reproduction. Cette espèce d'oiseau a un comportement extrêmement solitaire. C'est seulement au printemps qu'un mâle et une femelle vont se rapprocher pour former un couple. Et ils se sépareront aussitôt après l'élevage des jeunes.

Il est des animaux encore plus solitaires. Par exemple le tigre. On a dit du tigre que c'était un célibataire endurci. En effet, les mâles et les femelles vivent totalement seuls tout au long de l'année. C'est seulement pour l'accouplement qu'un tigre et une tigresse se rapprochent. Ils se quittent au bout de quelques jours. La tigresse reste seule avec les jeunes.

C'est toutefois là un cas

Un farouche individualiste : *le martin-pêcheur. Même lorsqu'il forme un couple, à la saison des amours, il se réserve plusieurs kilomètres de cours d'eau et interdit l'accès de ce territoire à tout congénère.*

« extrême ». Bon nombre d'autres animaux vivent en société. Ils peuvent même former des bandes immenses, tels certains oiseaux de mer ou encore de grandes antilopes comme les gnous.

Seulement « côte à côte »

Lorsqu'on retourne une pierre dans un jardin, on découvre les nombreux petits animaux qui vivent dessous : des cloportes, des vers de terre (ou lombrics), des mille-pattes (aux nombreuses pattes, même s'ils n'en ont pas mille), divers insectes.

Ces animaux se sont rassemblés sous une pierre pour profiter de l'humidité. Il s'agit donc là d'un groupement uniquement lié au milieu de vie — d'un groupement *écologique*. C'est le degré le plus simple des associations animales.

De même, si on retourne une pierre sur une plage, à marée basse, on découvrira toute une faune d'anémones de mer, de vers, de crustacés, de coquillages, etc. (N'oublions surtout pas de remettre en place la pierre que l'on a retournée. Sinon, la faune qui vit dessous serait condamnée à mourir, faute d'humidité.)

Des « exécutions » chez les animaux ?

Un témoin a raconté avoir vu quatre corbeaux se poser près d'un autre corbeau qui marchait dans une forêt. Ils l'encerclèrent. Dans les arbres, un groupe de corbeaux s'agitait bruyamment. Quatre autres en descendirent et se posèrent près du corbeau, que les quatre premiers abandonnèrent. Alors, les quatre corbeaux se jetèrent sur leur congénère et lui fracassèrent le crâne.
S'agissait-il d'une exécution ? Y avait-il dans les arbres un « tribunal » de corbeaux ? Le corbeau avait-il été mis à mort parce qu'il était très malade ? Ou parce qu'il avait été apprivoisé par les hommes ? Mystère. Mais l'on connaît d'autres récits du même genre.

De simples dortoirs et de vraies colonies

A la mauvaise saison, dans les villes, dès que le jour baisse, les moineaux s'envolent par petits groupes, vers des squares, des avenues ou des places plantées d'arbres. Ils se rassemblent dans ces arbres, qui sont leurs « dortoirs ». Car c'est là qu'ils vont passer la nuit. Avant de s'endormir, ils piaillent en chœur un bon moment.

Ils sont parfois plusieurs centaines, ou même plus d'un millier, rassemblés ainsi, à quelque distance les uns des autres. Mais, au lever du jour, après un nouveau chœur de piaillements, les moineaux quittent leur dortoir et se dispersent jusqu'au crépuscule. Sans doute n'éprouvent-ils le

Le tigre est un animal *extrêmement solitaire. Il est devenu si rare que, dans certaines régions d'Asie, mâles et femelles ne parviennent pas à se rencontrer et donc ne peuvent se reproduire.*

Les freux nichent en colonies. *Leurs « dortoirs » réunissent parfois plus de 10 000 oiseaux auxquels se joignent souvent des corneilles et des choucas.*

besoin de se réunir que pour affronter ensemble les rigueurs des nuits hivernales.

Bien différents de ces dortoirs sont les corbeautières, ces énormes colonies de corbeaux freux, réunis pour nicher. Au printemps, en effet, les freux installent leurs nids, par dizaines ou par centaines, dans un petit bois : de gros nids de brindilles — il peut y en avoir plusieurs dans un même arbre — au-dessus desquels on peut les voir tournoyer en croassant.

D'autres oiseaux nichent comme les freux, en colonies, mais hivernent isolément. C'est le cas, par exemple, du héron cendré. D'autres encore, tel le pigeon ramier, nichent au contraire par couples séparés, mais s'envolent en bandes lors des migrations saisonnières. Les freux, quant à eux, quelle que soit la saison, ont horreur de la solitude, et c'est toujours en bandes qu'on les voit dans les champs, l'automne ou l'hiver venu. Ce sont des oiseaux constamment et totalement grégaires.

Du martin-pêcheur au freux, tous les degrés de sociabilité s'observent donc chez les oiseaux et, en fait, chez tous les animaux. Des espèces très voisines peuvent même avoir des comportements étonnamment différents. On le constate par exemple chez des invertébrés comme les araignées.

Un minuscule troglodyte *apporte la becquée à un jeune coucou, déjà de belle taille... Il a bien du mal à nourrir ce véritable goinfre.*

... et chez les criquets

Plus étonnant encore : une même espèce peut être, selon les variations du climat, solitaire ou grégaire. Et en changeant de mode de vie, elle change aussi de couleur ! C'est ce qui se passe chez les criquets.

Les criquets constituent parfois des vols gigantesques, de véritables nuages qui obscurcissent presque le ciel. Ils causent alors d'énormes ravages, notamment dans les pays d'Afrique du Nord ou du Moyen-Orient, car ils mangent tout : fruits, fleurs, feuilles, graines... Quand un nuage de criquets, composé de millions d'individus, s'abat sur une région, il laisse derrière lui un désert.

Or ces mêmes criquets peuvent être aussi des solitaires. Ils vivent alors, peu nombreux, au fond de vallées un peu arrosées et ne volent que la nuit. Leur croissance est lente : il peut s'écouler 6 mois entre le stade de l'œuf et celui de l'adulte, qui est de couleur verte.

Les nuages de criquets *obscurcissent le soleil et ravagent les cultures.*

Les étourneaux nichent *dans les trous d'arbres. A la mauvaise saison, ils forment de véritables nuages. A Saint-Malo, trois millions d'étourneaux se rassemblent l'hiver sur les toits !*

Mais, dans certaines conditions d'humidité et de chaleur, ce développement va se faire en 3 ou 4 semaines. Les larves (forme intermédiaire entre l'œuf et l'insecte adulte) se multiplient et se rassemblent en bandes. Bientôt elles se transforment en insectes ailés, d'abord roses, puis jaune citron.

Et ce sont ces criquets jaune citron qui forment alors les grands nuages dévastateurs...

Des vols gigantesques

Les oiseaux aussi, lors de leurs migrations, peuvent s'assembler par milliers, voire par millions. Nous connaissons tous le pinson des arbres. Une espèce voisine, le pinson du Nord, nous rend visite pendant l'hiver. Il peut former des vols gigantesques : on en a vu un qui était haut de 4 mètres, large de 200 mètres et long de... 45 kilomètres. Il fut évalué à 36 millions de pinsons !

En 1798 fut observé en Australie un vol de puffins (des oiseaux de mer). Il était large de 90 mètres et haut de 80 mètres. Il mit une heure et demie à s'écouler. Un défilé d'au moins 150 millions d'oiseaux...

Un détail « technique » : observons dans le ciel un vol de canards, d'oies, ou de grues. On remarque que ces oiseaux migrateurs volent en ligne ou en V : ainsi chacun profite des remous provoqués par les battements d'aile de celui qui précède...

Colonies d'oiseaux...

L'époque de la reproduction, et, dans le cas des oiseaux, de la nidification, donne souvent lieu à de grands rassemblements d'animaux — qu'on appelle alors colonies.

Les plus importantes colonies d'oiseaux sont celles des régions polaires. Dans l'Arctique les falaises hébergent d'énormes rassemblements de pingouins, guillemots, macareux, pétrels, fulmars, etc. Dans l'Antarctique, ce sont les manchots qui forment des colonies compactes.

Au bord des lacs d'Afrique orientale, les colonies de flamants sont si gigantesques que, vues d'avion, elles semblent d'immenses traînées roses.

En Europe occidentale, les colonies d'oiseaux sont moins importantes, mais sont tout de même spectaculaires. Sur les côtes bretonnes, notamment aux Sept-Iles, au cap Fréhel, au cap Sizun, existent d'importantes colonies d'oiseaux de mer, tandis que la Camargue et l'Andalousie abritent des colonies de flamants.

... et de mammifères

Il existe aussi des colonies de mammifères, et même de très variées. Cependant, dans le cas des grandes espèces (éléphants, buffles, zèbres, antilopes, cerfs, etc.), on parle de troupeaux, de hardes ou de bandes.

Les chauves-souris, les mar-

Les flamants roses *forment d'immenses colonies en Camargue. On retrouve des groupements comparables dans l'Est africain, notamment en bordure du lac Tanganyika.*

mottes, mais aussi les phoques, les morses, les otaries et autres pinnipèdes vivent le plus souvent en colonies. Ainsi l'île de Georgie du Sud, aux abords de l'Antarctique, héberge environ 300 000 éléphants de mer ! L'éléphant de mer, vous le savez sans doute, est le plus grand des phoques : il atteint 5,80 mètres pour un poids de 3 tonnes. Il doit son nom à la trompe qui lui tombe sur la bouche.

Des colonies pas comme les autres : les coraux

Comme beaucoup d'autres animaux marins, les coraux ressemblent plus à des plantes qu'à des animaux. Ils sont soudés entre eux. Leurs colonies sont donc très différentes de celles des insectes, des oiseaux, et des mammifères. Elles constituent d'immenses

Au cours de leurs migrations, *les troupes de rennes n'hésitent pas à franchir des bras de mer à la nage. Au total, en Sibérie, près de 300 000 de ces ruminants voyagent ainsi deux fois par an.*

récifs. Ces récifs peuvent avoir la forme d'un cercle : ce sont alors des atolls, qui entourent un lagon. Ils sont particulièrement nombreux dans le Pacifique.

Ou bien encore, les récifs longent les côtes. Le plus important d'entre eux, la Grande Barrière d'Australie, mesure 2 400 kilomètres : c'est, en un sens, le plus grand être vivant de la planète.

Parade nuptiale d'un caracara, *rapace américain. Son attitude comme son cri sont des formes de langage.*

Comment recense-t-on les membres d'une colonie ?

Lorsque l'on dit qu'une colonie d'éléphants de mer est forte de 300 000 têtes, c'est bien sûr approximatif. Pour obtenir une telle évaluation, on compte le nombre de spécimens qui occupent une petite partie de l'île ou de l'archipel en question. Puis on multiplie pour obtenir le nombre total : autrement dit, on extrapole.
De tels recensements peuvent se faire sur des photos, notamment des photos prises d'avion.
Comme les colonies d'oiseaux ou de mammifères se situent en général dans des lieux bien dégagés (côtes, îles, falaises, etc.), les dénombrements sont assez valables.

Des « langages » multiples

Pour pouvoir vivre ensemble, les animaux doivent se comprendre. Sinon leur colonie ou leur troupe ne pourrait survivre. Il suffit de se rappeler l'histoire de la tour de Babel dont les constructeurs, selon la Bible, se mirent à parler des langues différentes, ce qui fit échouer leur entreprise.

Les animaux d'une même colonie doivent donc se comprendre par des cris, des mimiques, des gestes, des odeurs, des contacts divers, etc. Tous ces « signaux » constituent ce que l'on appelle, avec un peu d'exagération, un « langage », car aucune espèce animale ne possède un langage comparable à celui des hommes.

Divers « degrés » d'association

Très souvent, deux espèces fort différentes (ou davantage) s'associent pour vivre, se nourrir, habiter ensemble. Parfois, l'une profite de l'autre, sans que celle-ci profite de la première. Dans d'autres cas, l'association est à « bénéfices réciproques » : chaque espèce profite de la présence de l'autre.

Par exemple, dans les four-

Le sphinx à tête de mort *est un papillon migrateur qui vient d'Afrique du Nord et envahit l'Europe méridionale entre juillet et septembre.*

Vol de canards *au-dessus d'un fleuve. Remarquer la formation en V.*

Le poisson-clown *ne craint pas de vivre parmi les tentacules urticants d'une anémone de mer.*

milières, il n'y a pas que des fourmis. On y trouve aussi d'autres petits animaux :

— Certains, des coléoptères, sont pourchassés par les fourmis.

— D'autres, des grillons ou des cloportes, ne les gênent pas, mais elles ne profitent pas de leur présence.

— D'autres enfin, des staphylins (qui sont des coléoptères), intéressent beaucoup les fourmis : elles s'enivrent avec le liquide que sécrètent leurs larves. Il est à noter que ces staphylins ressemblent étonnamment aux fourmis : la cohabitation, dans ce cas, s'accompagne de mimétisme.

Cet exemple nous conduit à distinguer plusieurs cas d'associations.

L'animal-outil : certains crabes tiennent dans leurs pinces des actinies (ou anémones de mer) dont le venin paralyse leurs proies... Des sortes de gants de boxe, si l'on veut. On ne sait si les actinies apprécient.

Transporteurs et transportés : la vorticelle (minuscule animalcule à une cellule) s'attache aux insectes aquatiques grâce à son filament qui s'enroule en spirale. Un poisson, le rémora, se colle aux gros animaux marins (ou aux bateaux) par la ventouse qu'il porte sur la tête. Des petits passereaux voyagent, semble-t-il, cachés dans le plumage d'oiseaux plus gros (grues, par exemple) : on entend leurs cris...

Le bon voisinage : les exemples sont très nombreux.

— Renards et blaireaux ou blaireaux... et mulots habitent parfois les mêmes terriers.

— L'oryctérope, un curieux mammifère africain, est un excellent fouisseur : son terrier est si vaste que toutes sortes de mammifères, jusqu'à des phacochères, viennent y loger.
— En Nouvelle-Zélande, le tuatera ou sphénodon, un reptile primitif, véritable « fossile vivant », habite les mêmes terriers que des puffins.

Le commensalisme : le commensalisme est une association qui est seulement profitable à l'un des deux partenaires. Certains des hôtes des fourmilières sont ainsi des commensaux des fourmis.

Un exemple typique est celui des petits crabes qui vivent à l'intérieur des coquilles de moules, et que l'on trouve parfois en mangeant celles-ci. Ces crabes profitent à la fois de l'abri offert par la coquille et d'une partie de la nourriture que capte la moule.

Des moineaux installent souvent leurs nids dans les aires (ou grands nids) des cigognes ou des aigles. On pourrait penser que c'est risqué... En réalité, non, car les rapaces ne chassent pas près de leur aire. De plus, ils effraient les animaux qui pourraient s'attaquer aux moi-

Pique-bœufs sur le dos d'un zèbre. *Dans nos régions, l'étourneau se pose de même sur les moutons.*

neaux. Être locataire d'un couple d'aigles est donc, pour les moineaux, une excellente sécurité.

Dans les régions tropicales, des perroquets ou des martins-pêcheurs nichent dans des fourmilières ou des nids de guêpes. Ils profitent de la peur qu'inspirent ces insectes, ce qui ne les empêche pas d'en gober de temps en temps...

D'une façon plus générale, on considère que les moineaux, les rats, les goélands et autres animaux qui se nourrissent de nos déchets, sont les commensaux de l'homme (ou ses parasites : voir plus loin).

La symbiose : la symbiose est une association à bénéfices réciproques. Elle présente des aspects très variés et s'observe aussi chez les végétaux : par exemple, le lichen est formé de l'association d'une algue et d'un champignon.

— Les termites hébergent dans leur tube digestif des flagellés (animaux à une cellule, porteurs de flagelles, ou petits « fouets »). Ceux-ci profitent de l'abri ainsi offert par

les termites et ils digèrent la cellulose contenue dans le bois mangé par les termites. Sans eux, ceux-ci ne pourraient assimiler le bois.
— En Afrique, des oiseaux, les garde-bœufs (de petits hérons blancs) et les pique-bœufs (ou buphages, sortes d'étourneaux) se tiennent posés sur les éléphants, les buffles ou les rhinocéros. Ils les débarrassent de leurs parasites en même temps qu'ils s'en nourrissent, et, en échange, les préviennent du danger par leurs cris.
— En Afrique encore, un oiseau apparenté aux pics doit à ses mœurs curieuses son nom d'indicateur. Il guide vers les nids d'abeilles une sorte de gros blaireau noir et blanc amateur de miel, le ratel. Celui-ci démolit le nid, et l'oiseau peut manger la cire ou les larves ; tout seul, il n'y parviendrait pas.
— A Bornéo, des gallinacés, les roulrouls, suivent les san-

L'indicateur a guidé le ratel *jusqu'au nid d'abeilles. Les deux compères se partagent ensuite le gâteau.*

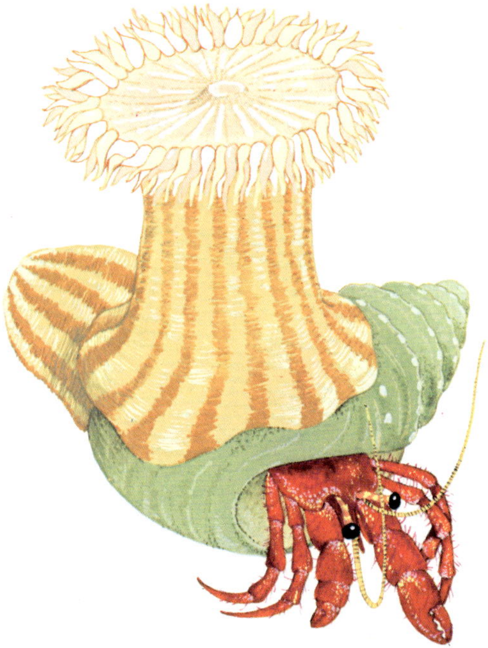

Une anémone de mer *s'est fixée sur la coquille occupée par ce bernard-l'ermite.*

gliers au cours de leurs déplacements. Ils mangent les débris qui tombent de la gueule du sanglier ou les prennent sur ses lèvres. En contrepartie, ils avertissent celui-ci (qui voit mal) des dangers.

— Les bernard-l'ermite, que l'on peut observer sur les plages, promènent parfois une actinie fixée sur la coquille qu'ils occupent ; elle effraie leurs ennemis et profite de leurs déchets. Parfois un ver habite la coquille du bernard...

— L'amphiprion (ou poisson-clown), petit poisson jaune et blanc, demeure constamment près d'une actinie, se frottant sans mal à ses tentacules venimeux. Il la nettoie des déchets qui la couvrent et la défend contre ses ennemis... même si ce sont des tortues de mer ! Sans doute se nourrit-il des excréments de l'actinie.

Le parasitisme : dans le cas du parasitisme, un animal vit aux dépens d'un autre et lui cause du tort. Les oiseaux et les mammifères (y compris

l'homme) ont ainsi à redouter :
— des parasites externes, qui vivent sur leur peau : puces, poux, tiques ;
— des parasites internes, qui habitent leur tube digestif, comme le ver solitaire et bien d'autres vers.

Les cas curieux ne manquent pas. Un petit poisson de nos eaux douces, la bouvière, pond dans la coquille d'une mulette, ou moule d'eau douce. Les jeunes bouvières y éclosent donc et y vivent quelque temps, bien à l'abri.

Or, lorsque le poisson pond dans sa coquille, la mulette laisse échapper ses propres larves, qui vont s'accrocher aux nageoires du poisson. Elles vivent en parasites sur lui durant trois mois. Il y a donc commensalisme d'un côté, parasitisme externe de l'autre. Mais alors que la bouvière doit obligatoirement se reproduire dans une mulette, les larves de celle-ci peuvent parasiter d'autres poissons.

Les jeunes bouvières *quittent la moule d'eau douce. En gros plan, une larve de celle-ci : elle vit en parasite sur la bouvière. Curieux échange de bons procédés...*

Les insectes sociaux

Les insectes sont si nombreux et variés — il en existe des centaines de milliers d'espèces — que tous les modes de vie s'observent chez eux, depuis les solitaires stricts jusqu'à ceux qui forment des sociétés très évoluées. Certains, nous l'avons déjà noté, se rassemblent simplement parce qu'ils recherchent la même nourriture ou fréquentent les mêmes abris. D'autres, comme les criquets, forment des bandes immenses, mais sans que l'on observe chez eux de « castes ». Enfin, les termites et beaucoup d'hyménoptères (fourmis, guêpes, abeilles) ont une vie sociale remarquablement organisée.

On ne sait pas très bien à quoi correspondent les grands rassemblements de coccinelles que l'on peut parfois observer sur une plage, sur une éminence quelconque ou dans une grotte. Peut-être le vent les a-t-il tout simplement emportées dans la même direction ?

Plus explicable est le comportement des chenilles processionnaires. Ce sont des chenilles de papillons de nuit, ainsi nommées parce qu'elles ont la curieuse habitude de se déplacer en file indienne, l'une derrière l'autre, pour se rendre sur les lieux où elles se nourrissent.

La chenille de tête sécrète, en bavant, un fil de soie qui se colle au sol. La seconde sécrète un fil qui s'ajoute à celui de la première, et ainsi de suite. Au retour, les chenilles retrouvent leur chemin grâce à cette piste de soie, qui est un peu comparable aux cailloux du petit Poucet.

Coccinelle capturant un puceron. *Les coccinelles sont utilisées pour la lutte contre les parasites des arbres fruitiers.*

Chenilles sociales *de Shizura dévorant une feuille.*

Dans la termitière

La chenille deviendra papillon et oubliera ses anciennes compagnes de procession...

Les termites nous offrent, eux, l'exemple d'une société d'insectes organisée, et même hyper-organisée. Leur domaine, leur ville en quelque sorte, c'est la termitière...

Notons au passage que certaines espèces de termites vivent en Europe. On en trouve même à Paris ! Aucun espoir, cependant, d'y observer la moindre termitière : les espèces européennes n'en construisent pas. C'est dans les régions tropicales, notamment en Afrique, qu'il faut aller pour voir des termitières.

Ce sont, toutes proportions gardées, les plus grands édifices construits par des êtres vivants. Il est en effet des termitières hautes de six mètres, ce qui, à l'échelle humaine, correspondrait à une montagne.

Une termitière est protégée à l'extérieur par une « muraille » épaisse de 50 centimè-

tres environ, entièrement fermée : les termites, fuyant la lumière, ne peuvent vivre que dans l'obscurité.

La termitière comprend une grande cavité centrale. Au-dessus d'elle s'observe une « nourricière », sorte de masse qui repose sur un « plateau » d'argile, lui-même soutenu par des piliers. Dans la nourricière se situe la loge où vivent le roi et la reine.

Une termitière héberge une société de termites. Si ceux-ci sont un million, leur répartition sera la suivante. Il y aura le couple royal, c'est-à-dire le roi et la reine, 150 000 « sexués », et 850 000 neutres ou asexués (c'est-à-dire des termites dont le sexe n'est pas marqué). Ces 850 000 neutres se divisent en 500 000 ouvriers et 350 000 soldats.

A chacun sa silhouette

Selon la caste à laquelle ils appartiennent, les termites diffèrent beaucoup d'aspect. Le roi, la reine et les autres sexués ont des yeux normaux

Ouvriers et soldats *entourent la reine des termites. Celle-ci est d'une taille disproportionnée par rapport aux autres termites.*

Un roi et une reine bien mal nommés

Le roi et la reine ne sont nullement les chefs de la termitière, comme on serait tenté de le croire. Ils n'y exercent aucun commandement. Leur rôle, on l'a vu, est simplement de donner naissance aux termites qui construiront et constitueront la termitière. Et il en va de même chez les abeilles (qui n'ont pas de roi mais seulement une reine), ainsi que chez les autres insectes sociaux.

et quatre ailes transparentes. Les ouvriers n'ont pas d'ailes et sont souvent aveugles. Les soldats sont eux aussi aveugles et sans ailes. Leur tête est énorme, et elle porte de fortes mandibules recourbées.

La termitière est parfois attaquée par les fourmis. On pourrait croire que les soldats, en raison de leur aspect et de leur nom, se chargent de la défendre. En réalité, ils ne sont pas très efficaces : ils frappent surtout au hasard...

En fait, ce sont les ouvriers qui défendent la colonie. Ce sont eux aussi qui construisent la termitière, puis, s'il le faut, qui colmatent ses brèches. Qui plus est, ils soignent les larves et... nourrissent les soldats.

Certains soldats ont toutefois quelques capacités guerrières : leur tête en forme de poire pointe vers l'avant une canule avec laquelle ils aspergent leurs ennemis de résine.

Vers de nouvelles colonies

Les sexués ont, eux, bien de la chance : ils n'ont rien à faire. Un jour cependant, les ouvriers creusent des orifices dans la muraille de la termitière. Les sexués s'y engouffrent, puis s'envolent. C'est ce que l'on appelle l'essaimage.

Ils ne vont pas très loin : ils s'abattent à quelques dizaines de mètres de la termitière et perdent leurs ailes. Mâles et femelles forment des couples. Chacun de ces couples creuse dans le sol un nid où a lieu l'accouplement.

Chaque couple ainsi formé va devenir le roi et la reine d'une nouvelle colonie. La reine se transforme alors en une sorte d'énorme boudin, long de huit centimètres, et donc beaucoup plus gros que les autres termites.

Le roi arrive tout de même à la féconder. Elle pond ensuite un nombre invraisemblable d'œufs : plus d'un million par an ! Les premières larves qui écloront de ces œufs donneront des ouvriers. Ils se chargeront des larves qui vont naître ensuite — sexués, soldats ou ouvriers. Ainsi apparaîtront les différentes castes dans la termitière que vont construire les ouvriers.

L'essaimage des termites *est une aubaine pour les oiseaux.*

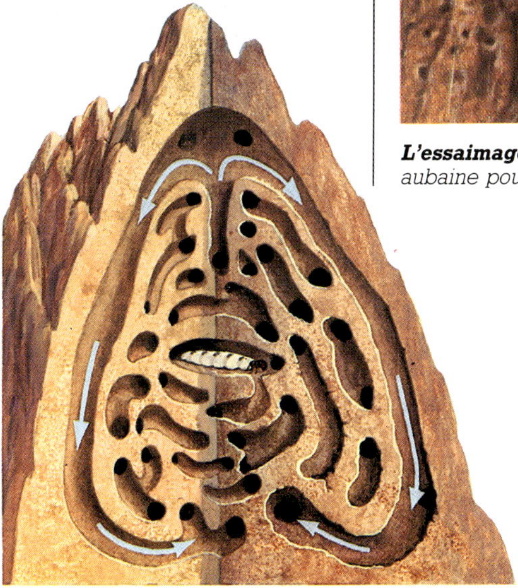

Coupe d'une termitière *On distingue la reine dans la loge royale. Remarquer la « muraille », sans orifice, qui protège la termitière.*

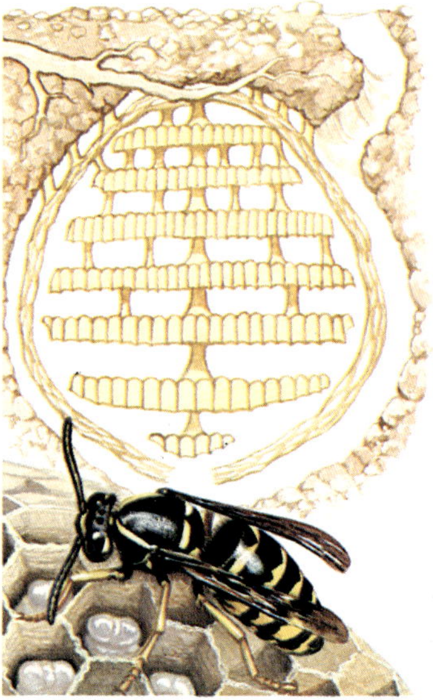

Coupe d'un guêpier. *On distingue les rayons d'alvéoles perpendiculaires à la tige verticale. Le nid est entouré d'une enveloppe.*

Nids de guêpes

Il existe des guêpes solitaires. Certaines sont appelées guêpes maçonnes, car elles construisent, en guise de nids, des pots en boue, ou encore des sortes de tubes placés les uns contre les autres, comme des tuyaux d'orgue. D'un coup de leur aiguillon, ces guêpes paralysent des chenilles, puis pondent sur elles leurs œufs. Une fois écloses, les larves mangeront les chenilles toujours vivantes.

D'autres guêpes vivent au contraire en colonies. C'est le cas des espèces les plus communes, à l'abdomen jaune rayé de noir.

Leur nid est appelé guêpier (à ne pas confondre avec l'oiseau du même nom, qui se nourrit de guêpes). Ce nid est installé sous terre, ou sur un toit. Il est fait de « papier mâché » que les guêpes obtiennent en mâchant du bois.

Nid de polistes. *Ces guêpes habitent le pourtour méditerranéen et l'Asie. Petits, leurs nids ne comportent pas d'enveloppe.*

Elles commencent par construire une sorte de tige qui descend du « toit ». Puis elles installent un premier rayon d'alvéoles, perpendiculaires à cette tige, puis d'autres rayons. Les alvéoles (ou cellules) sont des sortes de petites loges. Une enveloppe entoure le nid, ce qui permet de régler sa température.

La reine pond dans chaque alvéole. Les larves sont nourries d'insectes que les ouvrières ont auparavant mâchonnés.

Les frelons, qui sont les plus grandes de nos guêpes, suspendent leur nid à une poutre ou l'installent dans les

Guêpe maçonne construisant son nid. *Elle emploie pour cela de la boue, de l'argile, du gravier et de la salive.*

arbres creux. Dans un nid de frelons naissent, chaque année, 300 000 larves.

Chez les abeilles

Depuis la fin de la préhistoire, les hommes ont domestiqué l'abeille pour son miel. Dans un nid d'abeilles encore sauvages, ou une ruche d'abeilles domestiques, vivent trois castes d'abeilles. Une telle colonie peut comprendre 30 000 abeilles.

Il y a d'abord la reine, qui est la mère de toutes les autres abeilles. C'est une femelle fertile, de grande taille, à l'abdomen allongé. Il n'y a en général, nous le verrons, qu'une reine par colonie. Les mâles, ou faux bourdons, se reconnaissent à leurs gros yeux. Enfin, les ouvrières, de petite taille, font tous les menus travaux de la ruche. Leurs pattes postérieures sont munies de « peignes » avec lesquels elles récoltent le pollen qu'elles mettent ensuite dans des « sacs » à pollen, sorte de petits creux, également situés sur leurs pattes.

Quelques détails des pattes d'une ouvrière : *(1) patte arrière, munie, côté interne, d'une pince (a), d'une corbeille (b) — dans laquelle l'insecte dépose le pollen ramassé avec la brosse (c) — et d'un peigne (d); les pattes médianes (2) ne servent qu'à la marche; avec l'encoche (e) située sur les pattes antérieures (3), l'abeille nettoie ses antennes afin que la poussière n'altère pas leur extraordinaire sensibilité.*

La reine et les ouvrières sont dotées d'un aiguillon ; les mâles n'en ont pas.

Les ouvrières possèdent des glandes sécrétrices de cire, qu'elles utilisent pour construire les alvéoles. Ceux-ci se présentent comme des logettes hexagonales (c'est-à-dire à six côtés) placées côte à côte. En fait, les abeilles leur donnent une forme cylindrique : sous l'effet de la pression de leurs voisins, ils deviennent hexagonaux.

Les ouvrières ont d'autres tâches : elles nettoient la ruche, vont chercher le nectar et le pollen, nourrissent les larves. C'est avec le nectar, ce

Une ouvrière
butine une fleur de scabieuse.

La ruche

Dans les ruches modernes, une plaque horizontale sépare les cadres inférieurs des cadres supérieurs. C'est entre les montants des cadres que les abeilles construisent leurs rayons. Ces cadres sont mobiles. Leur partie inférieure renferme la reine et le couvain (c'est-à-dire l'ensemble des œufs, des larves et des nymphes). Leur partie supérieure contient le miel. La plaque est percée de petits trous par lesquels les ouvrières peuvent passer, mais non la reine, trop grosse, qui doit donc rester en bas. Un « trou de vol » permet aux abeilles de sortir de la ruche ou d'y entrer.
Les rayons comprennent donc, soit des alvéoles à miel, soit des alvéoles à couvain. Le miel est emmagasiné dans des alvéoles ouverts. Il en est de même du pollen.
Sur la partie inférieure, les alvéoles ouverts sont ceux qui contiennent soit des œufs, soit des larves. Les alvéoles fermés renferment des larves prêtes à se métamorphoser, ou des nymphes. Comme nous l'avons dit, les alvéoles royaux sont plus grands que les autres.

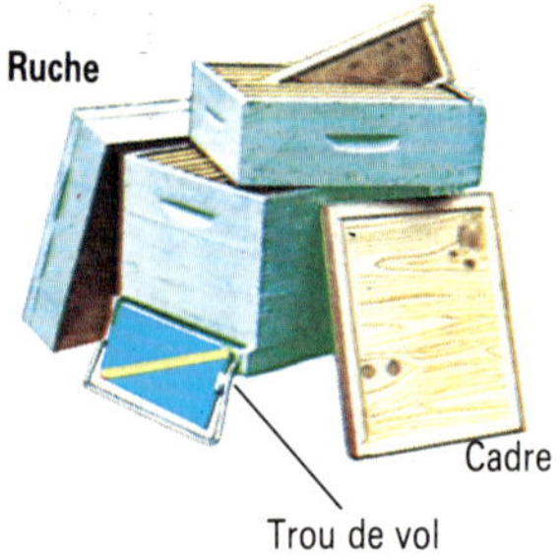

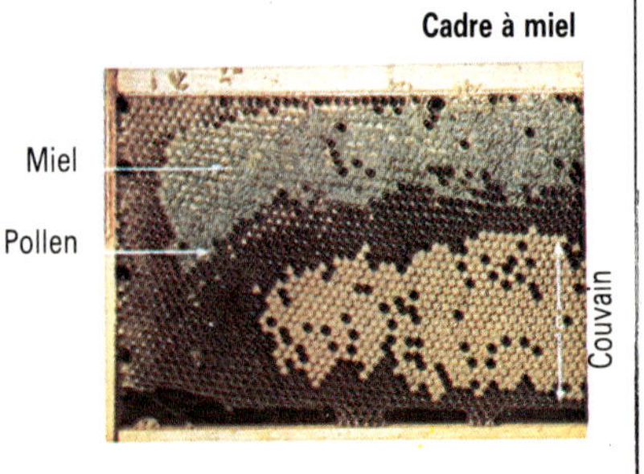

liquide sucré qui se trouve au fond des fleurs, qu'elles font le miel.

En fait, le miel est tout simplement du nectar qui a séjourné dans le tube digestif des abeilles. Celles-ci le dégorgent ensuite dans les alvéoles.

C'est aussi dans les alvéoles qu'elles emmagasinent le pollen récolté avec leurs pattes. En véhiculant le pollen de fleur en fleur, les abeilles participent à la fécondation (pollinisation) des fleurs.

Leurs provisions de miel et de pollen, emmagasinées dans les alvéoles, permettent aux abeilles de subsister durant l'hiver. Les ouvrières forment alors, autour de la rei-

ne, une grosse masse. Ainsi, elles se tiennent chaud et il ne fait pas froid dans la ruche.

Vers une nouvelle ruche : l'essaimage

Lorsque les abeilles d'une ruche deviennent trop nombreuses, les ouvrières se mettent à construire des alvéoles « royaux », plus grands que les alvéoles ordinaires. La reine pond un œuf dans chacun. Les larves écloses de ces œufs sont nourries par les ouvrières avec davantage de gelée royale que les autres larves.

La gelée royale est une substance produite par des glandes situées dans la bouche des ouvrières. Elle est très nutritive. Les larves royales y ont droit durant seize jours (contre trois pour les autres).

Après l'éclosion de ces larves, la vieille reine s'en va, accompagnée d'environ la moitié des abeilles de la ruche. Elles forment un essaim, masse grouillante qui s'accroche à un arbre. C'est donc l'essaimage. Cet essaim va s'installer dans une nouvelle ruche ou un nouveau nid, par exemple un arbre creux. En général, un apiculteur (éleveur d'abeilles) s'empare de l'essaim et le met dans une ruche.

L'ancienne ruche n'a donc plus de reine. Quelques jours après l'essaimage cependant, une première reine émerge d'un des alvéoles royaux. Elle va percer des trous dans les autres alvéoles royaux, permettant ainsi aux ouvrières d'aller tuer les autres « princesses ». Si l'une d'elles est déjà sortie, une lutte à mort s'engage : la survivante sera reine. Car la ruche ne doit avoir qu'une reine.

Une dizaine de jours plus tard, la reine s'envole et monte haut dans le ciel. Elle peut s'éloigner jusqu'à 5 kilomètres de la ruche. Les mâles la suivent, aidés par leurs gros yeux. Ils constituent un essaim à forme de comète. C'est le vol nuptial.

L'un des faux bourdons rattrape la reine et la féconde en plein vol. Il ne survit pas à l'accouplement. La reine, elle, retourne à la ruche. Les ouvrières sont désormais aux petits soins pour elle. Elle se consacrera à la ponte, pour assurer la survie de la société.

La fin d'un règne

Les mâles, eux, demeurent sans rien faire, jusqu'au jour où les ouvrières les expulsent : ils sont alors condamnés à mourir de faim.

La reine, elle, passe sa vie à pondre. Mais elle vieillit...

Les ouvrières s'en rendent compte lorsque la substance qu'elle sécrète perd de son pouvoir. En effet, la reine produit une substance que les autres abeilles lèchent. C'est une sorte de « signal » chimique grâce auquel les abeilles d'une même ruche se reconnaissent.

Lorsque, donc, les ouvrières ont compris que la reine approchait de sa fin, elles construisent de toute urgence un alvéole royal, où la reine pond un œuf. (Elles ne construisent pas cet alvéole si des larves royales sont déjà nées.)

Quand la reine a pondu, les ouvrières la tuent. Ou bien, c'est une « princesse » qui s'en charge. Il ne peut y avoir, nous le savons, deux reines dans une ruche.

Une danse qui « parle »

En effet, lorsqu'une abeille a découvert une fleur riche en nectar, elle retourne à la ruche et exécute une danse pour indiquer aux autres abeilles

Le monde grouillant de la ruche. *Ici, la reine est entourée des ouvrières.*

la position de la fleur. Et cette danse constitue bien un langage, et même un langage extrêmement précis, comme on va le voir.

Ainsi, une simple danse en rond signifie que la fleur en question se trouve à moins de cent mètres de la ruche. Mais si la fleur se situe à une plus grande distance, l'abeille va en donner la position exacte, en exécutant une danse plus compliquée, en forme de 8.

Cette danse a lieu sur un rayon vertical de la ruche. Si l'abeille parcourt de bas en haut la barre du 8, cela veut dire que la fleur se trouve dans la même direction que le soleil. Si elle va de haut en bas, c'est que la fleur est dans la direction opposée au soleil. Si le parcours fait un angle avec la verticale, cet angle est égal à celui que la direction de la fleur fait avec le soleil. La vitesse de la danse correspond à la distance de la fleur.

La signification de cette danse a été découverte par l'éthologiste autrichien Karl von Frisch (l'éthologie est la science du comportement). Certains chercheurs pensent qu'il ne faut pas exagérer son importance, mais sa signification est certaine : un homme peut « traduire » le message et... atteindre la fleur avant les abeilles...

Un langage chimique : les phéromones

Outre la danse, les abeilles disposent, comme tous les insectes, d'un autre moyen pour communiquer : les *phéromones.* De quoi s'agit-il ?

Dans notre corps, se trouvent des glandes qui produisent des substances appelées hormones : ces hormones assurent le bon fonctionnement de nos organes. Or, chez les insectes, existent des hormones sécrétées à l'extérieur du corps : ce sont les phéromones. Elles ont une odeur qui est ressentie par un autre insecte de même espèce. Ainsi sont transmis des messages d'un insecte à un autre.

Les phéromones jouent un grand rôle chez les criquets, les abeilles, les fourmis. Nous verrons qu'elles existent aussi chez les mammifères. On a pu dire que les phéromones étaient à la base d'un véritable « langage chimique ».

Selon les figures qu'elles dessinent en volant *(page de droite) les abeilles indiquent aux autres membres de la ruche la direction à suivre pour trouver de la nourriture. C'est une façon de communiquer : on l'appelle la « danse des abeilles ».*

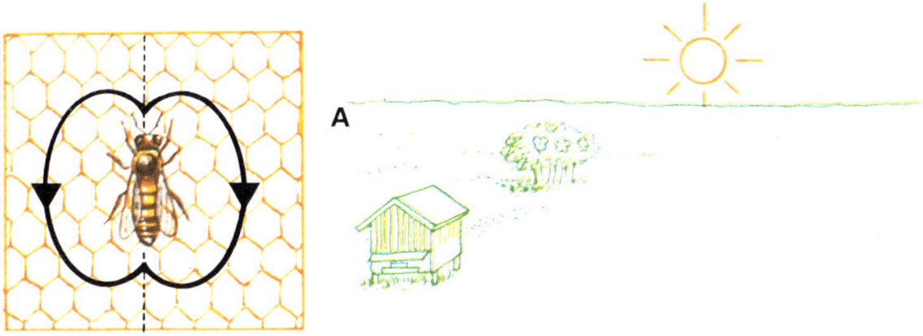

A. *La source de nourriture se trouve exactement entre la ruche et le soleil : le tronçon rectiligne de la danse en « 8 » est parfaitement vertical.*

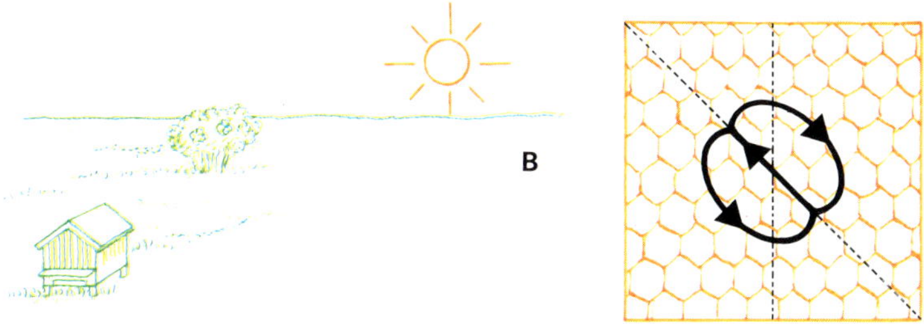

B. *La source de nourriture est déportée de 30° à gauche du soleil : le tronçon rectiligne de la danse est incliné de 30° à gauche de la verticale.*

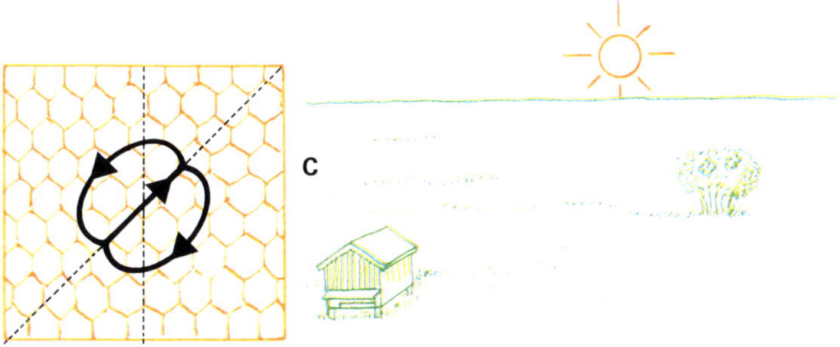

C. *La source de nourriture est à 40° à droite du soleil ; le parcours droit tracé par l'abeille est également incliné de 40° à droite de la verticale.*

Chez les vrais bourdons

Insectes sociaux, par excellence, les abeilles ? Certes oui. Et pourtant, il en existe aussi des espèces solitaires. Par exemple, le xylocope, ce gros hyménoptère noir aux ailes bleues, que vous avez peut-être déjà observé, est une abeille solitaire. On le surnomme abeille charpentière car il creuse des galeries dans le bois.

D'autres abeilles solitaires sont fouisseuses et s'aménagent des nids sous la terre. Certaines découpent les feuilles pour en construire leurs alvéoles qu'elles installent dans des arbres creux ou des coquilles vides d'escargots.

En revanche le bourdon, le vrai (qu'il ne faut pas confondre avec le mâle de l'abeille), insecte trapu et velu que l'on voit butiner de fleur en fleur, affiche, lui, un comportement résolument social.

Les sociétés de bourdons peuvent compter plus de 500

Dans l'intimité de la ruche. *A gauche, les alvéoles avec la reine (en haut) et des ouvrières qui nourrissent les larves. Au centre, des ouvrières « magasinières » s'occupent des provisions de miel et de pollen. A droite, d'autres ouvrières gardent le « trou de vol », par où sortent et rentrent les butineuses.*

pourvoyeuses ou butineuses
nourricières
gardiennes
magasinières ou cirières

Des abeilles et des hommes

Des peintures rupestres du Néolithique (fin de la Préhistoire) montrent déjà des hommes élevant des abeilles. Par la suite, les Égyptiens perfectionnent l'apiculture. Il semble qu'ils aient « appelé » les abeilles avec des appeaux. Leurs ruches sont de plus en plus complexes.
Grecs et Romains élèvent aussi les abeilles : Virgile leur consacre un chant des Géorgiques.
L'hydromel, boisson composée de miel et d'eau, est alors apprécié. Les Indiens d'Amérique élèvent également des abeilles depuis fort longtemps.
A plusieurs reprises, celles-ci furent employées comme armes de guerre. Pour venir à bout d'une citadelle, Richard Cœur de Lion, roi d'Angleterre de 1189 à 1199, y fait lancer une centaine de ruches qui provoquent la panique chez les défenseurs...

sujets. Cachés dans l'herbe ou dans une pierre creuse, les nids comportent des sortes d'outres de cire destinées à recevoir le miel, ainsi que des coques contenant les larves.

Une fausse « pagaille »

Une fourmilière donne une impression de désordre. Ce n'est toutefois qu'une apparence. Sans doute, lorsque deux fourmis transportent une brindille, l'une tire parfois dans un sens, et l'autre dans la direction opposée. Et pourtant, toutes les brindilles arrivent bien au nid. Car, au total, il y a une excellente coordination dans la fourmilière.

Les fourmilières ont des aspects variés suivant les espèces de fourmis. Elles sont en général souterraines, et recouvertes d'un dôme. Elles peuvent être situées sous une pierre. Toutes se composent de galeries compliquées et de loges étagées. Il n'y a d'habitude qu'une seule ouverture.

Comme celles des abeilles et des termites, une société de fourmis est divisée en castes. Elle comprend des reines, des mâles et des ouvrières.

Les reines sont de grande taille et ailées. Les mâles sont aussi ailés mais plus petits. Les ouvrières, femelles stériles, n'ont pas d'ailes. Il y a encore des soldats, ouvrières à grosse tête et à mandibules développées. Ils défendent la fourmilière et déchiquètent les aliments, qui seront transportés par les ouvrières.

Comme chez les abeilles, *les odeurs (phéromones) jouent un rôle important chez les papillons. Les mâles peuvent ainsi sentir la présence d'une femelle à des centaines de mètres de distance.*

Attaquée par un bourdon, *une fourmi prend une attitude défensive : à demi dressée, elle écarte les mandibules et s'apprête à mordre. Elle peut aussi recourber l'abdomen pour lancer sur son agresseur un jet d'acide formique.*

L'été, reines et mâles s'accouplent dans le sol ou en vol. Peu après les mâles meurent, tandis que les femelles pondent. Les ouvrières s'occupent des œufs, puis des larves qu'elles nourrissent d'aliments qu'elles ont prédigérés. Elles s'occupent ensuite des nymphes. Appelées couramment, et à tort, « œufs de fourmis », les nymphes sont un stade du développement de l'insecte, entre la larve et l'adulte.

Agriculture et élevage chez les fourmis

Toutes sortes de comportements extraordinaires s'observent chez les fourmis. Ils sont si nombreux que l'on a l'embarras du choix.

De même que certains termites, il existe des fourmis « champignonnistes ». Elles vivent en Amérique tropicale. Ces fourmis découpent des morceaux de feuille qu'elles apportent, en longues processions, à leur colonie. Là, elles les ensemencent avec des spores de champignons : elles se nourriront ensuite de ceux-ci.

Il y a aussi des fourmis « moissonneuses ». Elles amassent, dans des chambres de leur fourmilière, des graines de plantes variées. Ce sont des provisions pour l'hiver...

D'autres fourmis pratiquent l'élevage, et c'est là l'un de leurs comportements les plus stupéfiants. Certaines espèces s'emparent de pucerons : ce qui les intéresse, ce sont les sécrétions sucrées de ces petits insectes, qui sont, pour elles, un régal.

Parfois, ces fourmis conduisent leurs « troupeaux » de pucerons sur des plantes riches en nectar. Ainsi leurs sécrétions seront-elles ensuite particulièrement sucrées.

Certaines de ces fourmis enferment leurs pucerons dans des logettes de terre ou de carton, véritables mini-étables pour ce petit « bétail ». On peut dire que les fourmis ont, bien avant les hommes, inventé la domestication...

D'inquiétantes colonnes

Et elles ont même inventé l'esclavage ! Il existe en effet des fourmis « esclavagistes ». Elles effectuent des raids ou des razzias, si l'on veut, dans les colonies de fourmis plus faibles. Elles s'emparent de leurs larves et de leurs nym-

Coupe d'une fourmilière. *On reconnaît, de bas en haut, des œufs, des nymphes et des larves.*

Inlassablement, les ouvrières *approvisionnent la fourmilière en matériaux divers.*

phes. Une fois adultes, ces fourmis deviendront les esclaves de leurs ravisseuses.

Leurs tâches seront de nourrir leurs maîtres de gorgées de miel et de les défendre contre les autres fourmis qui, quelquefois, les attaquent. Ces esclaves se révoltent rarement : elles sont alors punies de mort.

Il existe enfin des fourmis légionnaires qui effectuent des migrations à travers les régions tropicales. Leurs colonnes se guident sur les substances chimiques déposées par les bandes qui sont passées précédemment.

Celles-ci sont très impressionnantes. Elles sont protégées par les soldats, à la tête énorme, qui se tiennent de chaque côté de la colonne. Ces déplacements ont pour but de trouver un nouveau site à la fourmilière. Si les fourmis rencontrent, sur leur chemin, une petite rivière, certaines d'entre elles s'accrochent les unes aux autres pour former un pont, et les autres passent dessus...

Les fourmis légionnaires sont capables de mettre à mort jusqu'à des lézards et des serpents. Leurs colonies groupent parfois plus de 20 millions de fourmis !

Ces terribles fourmis sont si redoutées des autres animaux qu'elles font le vide autour d'elles lorsqu'elles passent. Mais l'effroi qu'elles inspirent est astucieusement mis à profit par certains. Ainsi des oiseaux suivent-ils les colonnes de fourmis en marche pour capturer les petits reptiles ou les insectes qui se sauvent de part et d'autre de la colonne.

Dans les régions tropicales *vivent des fourmis fileuses qui attachent deux feuilles avec la soie sécrétée par leurs larves : elles utilisent celles-ci comme navettes.*

Chez les oiseaux et les mammifères

Trois phases de la construction *du nid collectif des républicains : ramassage des brindilles ; édification du toit ; installation des « appartements » individuels.*

Personne n'apprend à une abeille à butiner une fleur ou à faire le miel. Elle le sait d'instinct : c'est chez elle une conduite innée. De même, l'abeille et la fourmi sont en quelque sorte « programmées » dès la naissance, à l'état de larves, pour devenir des reines ou des ouvrières. Leur destin est tracé d'avance et rien ne viendra en modifier le cours.
Chez les vertébrés, en revanche, tout change. Passer d'une société d'insectes à une bande d'oiseaux ou de mammifères, c'est un peu atterrir sur une autre planète. Avant de nous y risquer, ouvrons toutefois une petite parenthèse. Les poissons, les amphibiens (grenouilles, crapauds...) et les reptiles (serpents, tortues, crocodiles...) sont certes des vertébrés au même titre que les oiseaux et les mammifères. Mais ils ne semblent pas avoir une vie sociale très développée. Aussi les laisserons-nous de côté.

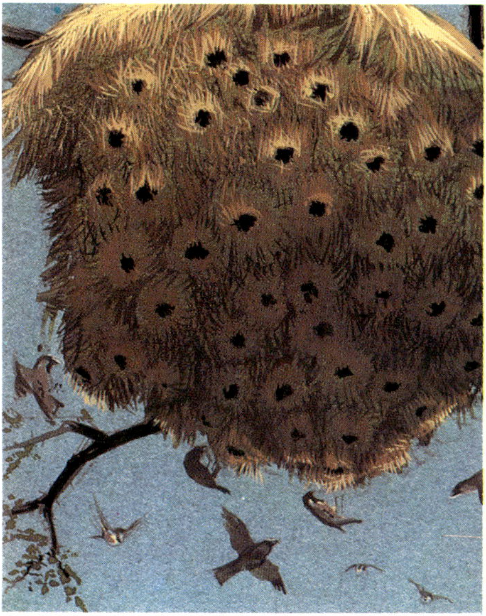

Chez les oiseaux et les mammifères, l'instinct joue certes aussi un rôle important. Mais il ne commande pas toute l'organisation de leurs sociétés, comme il le fait chez les insectes. En effet, surtout chez les mammifères, l'apprentissage, l'imitation, l'expérience déterminent en partie le comportement des animaux. Un lionceau, par exemple, possède en lui l'instinct de la chasse, sans lequel il ne pourrait pas vivre. Mais c'est progressivement, en imitant ses parents, en faisant ses propres expériences qu'il deviendra un chasseur efficace.

Et puis autre différence avec les insectes : même lorsqu'ils vivent en bande, un corbeau ne sera jamais tout à fait identique à un autre corbeau, ni un loup à un autre loup. Les caractères individuels existent, même s'ils sont beaucoup moins importants que chez les hommes. Il suffit d'observer une portée de chatons pour s'en rendre compte : l'un sera plus hardi, l'autre plus timide, le troisième plus câlin. Bref, chacun a déjà son caractère.

Or, ces caractères interviendront lorsqu'il s'agira de conquérir une femelle, de défendre son territoire ou de devenir le « chef » d'une bande, d'un troupeau.

Des rassemblements parfois surprenants

Chez les oiseaux, nous l'avons vu, se rencontrent tous les stades du comportement social. De nombreuses espèces nichent donc en colonies. Les hirondelles de fenêtre, reconnaissables à leur croupion blanc, forment de petites colonies : tout le monde a pu voir leurs nids groupés sous les porches des cathédrales.

Nous avons déjà évoqué les « corbeautières » de corbeaux freux. C'est aussi dans les grands arbres que nichent les hérons cendrés. D'autres hérons nichent au contraire dans les roseaux.

En Andalousie, hérons de diverses espèces, aigrettes, spatules (au bec en cuiller), cigognes, ibis, nichent pêle-mêle dans les arbres. De telles colonies formées de différents oiseaux sont d'ailleurs moins rares qu'on ne pourrait le penser.

Ainsi, sur les falaises maritimes, que ce soit en Scandinavie, en Écosse ou en Bretagne, des oiseaux d'espèces très variées nichent ensemble. Ce qu'il y a de remarquable, c'est que ces oiseaux (pingouins, macareux, guillemots, pétrels fulmars, mouettes tridactyles, fous de Bassan) occupent des « étages » bien précis, depuis

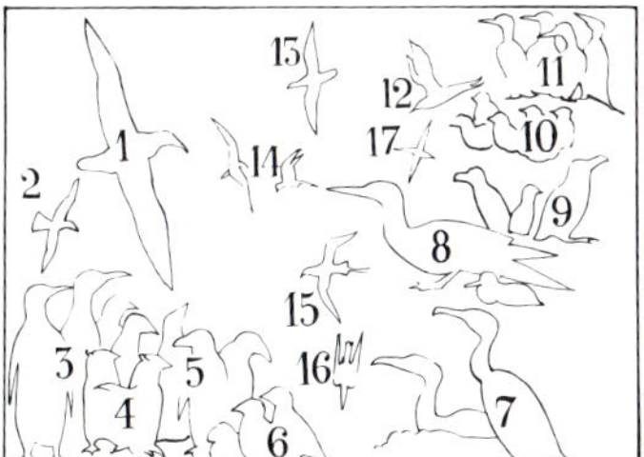

Des oiseaux de mer qui peuvent cohabiter dans les régions polaires

1. Albatros hurleur. Taille : 1,20 m. - 2. Damier du Cap. - 3. Manchots empereurs. - 4. Gorfou sauvage. - 5. Manchot d'Adélie. - 6. Macareux moine. - 7. Grand cormoran. - 8. Fou de Bassan. - 9. Petit pingouin. - 10. Mergule nain. - 11. Guillemot de Brunnich. - 12. Guillemot de Troil. - 13. Goéland argenté. - 14. Sterne pierregarin. - 15. Labbe à longue queue. - 16. Fou masqué.

la mer jusqu'au sommet de la falaise.

Les côtes du Pérou hébergent aussi d'énormes colonies d'oiseaux divers, cormorans et pélicans surtout. Leurs excréments constituent le célèbre guano, l'une des richesses de ce pays : il représente l'un des engrais les plus riches en phosphate et en azote.

En Afrique, des passereaux voisins des moineaux ne se contentent pas de nicher les uns près des autres. Ils construisent un énorme nid collectif, un véritable « grand ensemble » pour oiseaux, qui peut mesurer 2,50 m de haut. Il comprend de nombreux « appartements » qui s'ouvrent vers le bas. Cet « immeuble » est si lourd que, parfois, les branches auxquelles il est suspendu se cassent... Ce comportement éminemment sociable a valu à ces oiseaux le nom de « républicains ».

Pouponnières chez les manchots

Les manchots ne doivent pas être confondus avec les pingouins. Ces derniers volent, et habitent les mers boréales. Au contraire, les manchots ne volent pas et vivent dans les régions australes et antarctiques ; une espèce occupe les îles Galapagos.

Les manchots forment des colonies massives. L'un des aspects les plus intéressants de leur vie sociale est l'existence de « crèches », ou de « pouponnières » : les poussins sont regroupés et reçoivent la visite des parents qui viennent les nourrir. De telles crèches s'observent aussi chez les flamants.

Les célèbres manchots empereurs, de grande taille, forment parfois un bloc compact

La vie des Manchots de l'Antarctique. *Plusieurs espèces (Empereurs, Adélie, du Cap, de Magellan) sont représentées dans diverses phases de leur existence. De gauche à droite, de haut en bas : départ pour la baignade, réunion publique, retour de pêche, nurserie, femelles couvant, éclosion des œufs, combats de mâles.*

pour lutter contre le froid. Ils se déplacent lentement, toujours groupés de cette façon, de sorte que les manchots qui étaient à l'extérieur du groupe se retrouvent au centre et inversement. On dit qu'ils forment alors la « tortue ». Ce comportement est d'autant plus extraordinaire que les manchots ont alors leur œuf (ou leur jeune) posé sur leurs pattes, recouvert sous un repli de peau.

Les cris des oiseaux constituent-ils un langage ?

En un sens, oui, car c'est grâce à leurs cris que les oiseaux communiquent. Par exemple, au cours de leurs migrations, ils gardent le contact entre eux en criant. Chaque espèce possède toute une gamme de cris : certains indiquent qu'il y a un danger, d'autres sont poussés par les jeunes qui demandent la becquée. Il existe ainsi, chez la poule domestique, le cri de menace, le cri d'alarme, le cri de ponte (que la poule pousse après avoir pondu), le gloussement, le piaillement, etc.

Il ne faut pas confondre les cris avec le chant. Celui-ci est surtout émis par le mâle, chez les passereaux, pour défendre le « territoire » qui entoure le nid, ou pour faire venir une femelle.

Une notion importante : le territoire

On appelle territoire la zone défendue par un couple d'oiseaux (ou d'autres animaux) pendant la période de reproduction. Si, par exemple, un couple de rouges-gorges niche dans un buisson, il ne permettra pas à un autre couple de rouges-gorges de nicher trop près de lui. Le chant du mâle est, nous le savons,

Deux aspects de la parade nuptiale *chez les oiseaux. Ci-dessous, une frégate mâle arbore une poche rouge sous le bec pour séduire une femelle. A droite, un grand tétras fait la roue ; on le voit ici en compagnie d'un tétras-lyre.*

destiné à défendre le territoire. En général, les oiseaux défendent surtout leur territoire contre les sujets de la même espèce qu'eux.

Le territoire n'est donc pas particulier aux espèces sociales. Il est même plus important chez les oiseaux qui vivent par couples. Cependant, nous ne pouvons l'ignorer, car il intervient dans le comportement social. Chez les oiseaux qui nichent en colonies, le territoire se réduit aux abords immédiats du nid. Il existe aussi un territoire lié, non plus à la reproduction, mais à la nourriture, au sommeil, etc.

Qu'appelle-t-on une arène chez les oiseaux ?

Les oiseaux mâles, pour attirer les femelles, « font leur cour » lors de cérémonies parfois compliquées, qui constituent la parade nuptiale.

Chez certaines espèces existent des parades nuptiales collectives. Elles ont lieu

dans une zone appelée « arène », qui est, dans le fond, une sorte de territoire.

Il n'y a pas besoin d'aller très loin pour observer un tel phénomène. Les moineaux domestiques, les sympathiques piafs ou pierrots, exécutent de telles parades nuptiales collectives dans les squares ou les jardins publics : plusieurs mâles, ailes pendantes et queue relevée, s'agitent autour d'une femelle.

Il existe aussi une vie sociale chez les espèces domestiques : nous le constaterons également à propos des mammifères. Elle a été particulièrement étudiée chez les poules, et des faits très curieux ont pu être découverts.

La hiérarchie chez les poules

Il y a chez elles une poule dominante. Appelons-la A. Elle donne des coups de bec à B, qui lui est inférieure dans la hiérarchie. B, à son tour, donne des coups de bec à C qui occupe une position encore plus inférieure, et ainsi de suite. C'est ce qu'on appelle la hiérarchie du becquetage.

Celle-ci n'est pas toujours aussi simple. Parfois A domine B, qui domine C, qui domine... A. Cette étrange situation vient du fait que C a

vaincu A lors de son premier affrontement avec elle. Aussi, lorsque ces trois poules se trouvent près d'une mangeoire, chacune donne des coups de bec à sa voisine, si bien qu'aucune ne peut manger.

On retrouve une hiérarchie dans la plupart des sociétés d'oiseaux et de mammifères. L'individu dominant est appelé α (la lettre grecque *alpha*).

L'aigrette garzette *niche en colonies, comme la plupart des hérons. En France, elle niche en Camargue, dans l'Ain, en Loire-Atlantique, en Vendée, etc.*

« Madame la présidente » chez les choucas

La hiérarchie est particulièrement nette chez les choucas. Ce sont ces sortes de petites corneilles qui nichent en colonies sur les falaises, les cathédrales et les châteaux forts. Elles poussent des cris glapissants.

Dans une colonie de choucas, les sujets dominants ne « persécutent » que les individus d'une position immédiatement inférieure à la leur : ils ignorent ceux qui se situent aux derniers rangs.

Chez les choucas, la femelle qui « épouse » un mâle d'un haut rang accède sur-le-champ au niveau de celui-ci. Les autres choucas, qui la houspillaient encore la veille, s'en gardent bien désormais. La femelle est devenue « madame la présidente » et en a bien conscience.

L'inverse ne se produit jamais : on n'a jamais vu un choucas mâle épouser une femelle d'un rang supérieur. Chez les choucas, les princesses n'épousent pas de berger...

L'ordre établi est généralement respecté. Il arrive cependant qu'un contestataire s'attaque à l'individu α de la colonie. S'il le vainc, il devient le chef.

Il existe des oiseaux chez

lesquels la hiérarchie est encore plus rigoureuse. Ce sont les dindons sauvages d'Amérique du Nord, les ancêtres de notre dindon domestique. Chez eux, seuls les individus de haut grade ont le droit de s'accoupler avec les femelles.

D'une façon générale, dans les sociétés d'oiseaux, les mâles dominent les femelles et les adultes dominent les jeunes. De plus, un oiseau sera dominant dans son territoire, alors qu'il sera dominé dans le territoire d'un congénère.

Vaches et chiens dominants

Qu'ils soient sauvages ou domestiques, les mammifères, eux aussi, vivent souvent en sociétés, et ces sociétés sont bien hiérarchisées.

Par exemple, en montagne, dans un troupeau de vaches, l'une d'elles porte une cloche plus grosse que celles des autres. On appelle cette vache le « sonnailler ». C'est la vache-chef du troupeau. Elle n'a pas été désignée par les hommes, mais s'est imposée à la suite d'affrontements avec les autres vaches et même les taureaux, qu'elle a vaincus !

Dans le Grand Nord, les chiens de traîneau, à l'épaisse fourrure et à la queue en trompette, qui tirent les traîneaux dans les déserts glacés, sont de même très hiérarchisés. Le chef de la bande surveille ses compagnons, les encourage de la voix, les rappelle à l'ordre s'il le faut. A l'étape, les Eskimos dételLent et nourrissent le chef avant les autres chiens. Noblesse oblige...

Les chiens eskimos, *qui tirent les traîneaux dans les solitudes glacées du Grand Nord, forment une société hiérarchisée. L'un d'eux, appelé Boss, demeura chef d'une horde durant dix ans. Il finit par céder la place à Fram-le-Hardi. Il termina ses jours en paix, dans la région parisienne.*

Chez les babouins (cynocéphales), *la supériorité hiérarchique ou la soumission se traduisent par des mimiques (ci-dessus) ou des attitudes (à droite) caractéristiques.*

Bien structurées : les bandes de singes

La vie sociale des primates présente des aspects variés. Il en est de solitaires, tel l'extraordinaire aye-aye de Madagascar, mais beaucoup vivent en bandes hiérarchisées.

Le comportement social des babouins, ces robustes singes africains, a été beaucoup étudié. Ceux des forêts forment des groupes comptant chacun plusieurs mâles. Au contraire, ceux des prairies ou des cultures vivent en troupes à un seul mâle. Dans les deux cas, il y a évidemment des femelles dans les bandes, mais, dans la seconde catégorie, les mâles sans femelles sont en général rejetés hors du groupe.

Cette différence s'explique par l'écologie. Comme la nourriture est plus abondante en forêt, les babouins peuvent y former des bandes plus importantes.

Chez les macaques du Japon, la hiérarchie est très marquée. Mais, fait curieux, le mâle dominant n'est pas forcément costaud, ni agressif. Dans une de leurs bandes, le mâle α était petit, borgne, et dépourvu de canines !

Peut-être y a-t-il une explication. Chez ces macaques,

les mâles héritent leur rang social de leur mère : le fils d'une femelle de haut rang fera donc partie des dominants.

Chez les loups

On dit que les loups ne se mangent pas entre eux. Dans l'ensemble, c'est vrai. En cas de famine, cependant, cela peut arriver. Les loups forment une société très bien organisée.

Les mâles âgés sont au sommet de la hiérarchie : eux seuls ont le droit de se reproduire. Ainsi se constituent des couples qui resteront sans doute unis pour la vie. A l'automne, les jeunes de l'année précédente viennent rejoindre leurs parents et les louveteaux de l'année. Puis, à l'approche de l'hiver, plusieurs familles se groupent pour former une meute.

Une « marraine » pour le lionceau

Alors que la plupart des félins sont solitaires, les lions vivent en bandes de six à vingt sujets. Elles comprennent un ou plusieurs mâles adultes, davantage de femelles et une majorité de jeunes. Le lion est donc polygame : la bande est un harem. Ce sont surtout les lionnes qui chassent pour nourrir les jeunes : elles opèrent de façon conjuguée, plusieurs femelles rabattant les proies à une autre lionne.

Échanges de bons procédés

Il est très fréquent que des singes « s'épucent » (ou « s'épouillent ») comme ci-dessous. En réalité, ce geste n'est pas tant destiné à chercher les puces ou les poux de l'autre singe. C'est, avant tout, un signe d'amitié, de camaraderie, un peu comparable à la poignée de main chez les hommes. L'épouillage n'est pas pratiqué par des singes très jeunes : il semble donc nécessiter un certain apprentissage.

Bien que la sterne *ne ponde qu'au sein d'une colonie, elle n'en défend pas moins son territoire avec vigueur.*

L'effet de groupe

On appelle effet de groupe l'influence que les animaux d'une même société exercent les uns sur les autres. Il est surtout marqué chez les insectes. La conséquence de cet effet de groupe est que le comportement d'un animal est très différent selon qu'il est seul ou en groupe.
Il en est de même de sa fécondité. Par exemple, chez les sternes, ces oiseaux sveltes à calotte noire, apparentés aux mouettes, les femelles ne pondent pas en dehors de leur colonie : elles ne pondent que lorsque celle-ci compte au moins une vingtaine d'oiseaux...

Parfois, la bande est attaquée par une autre troupe de lions, ce qui provoque de violents affrontements, parfois mortels. Mais c'est là un cas exceptionnel : en général les animaux d'une même espèce ne s'entre-tuent pas.

Le célèbre rugissement du lion, qui peut porter à neuf kilomètres, est une signalisation du territoire de la bande. Il y a donc chez eux un territoire collectif. Les lions en marquent aussi les limites par leur urine.

Autre fait curieux : les lionceaux tètent la lionne la plus proche, même si ce n'est pas leur mère. Quand celle-ci est fatiguée ou indisponible, une autre lionne, une « marrai-

ne », s'occupe de ses jeunes.

Ce comportement ne constitue pas d'ailleurs un cas isolé. Il s'observe aussi chez les éléphants.

Parmi les éléphants

Ceux-ci forment des troupeaux de vingt à cinquante sujets ; chacun correspond à trois ou quatre familles, plus des mâles adultes. La bande est conduite, dans le cas de l'éléphant d'Afrique, par le mâle le plus fort et la femelle la plus robuste. En Asie, une femelle dirige seule le troupeau : autrement dit, les éléphants d'Asie vivent sous le régime du « matriarcat ».

Cependant, à l'intérieur de la bande, les familles gardent une certaine indépendance. Chacune est dirigée par une femelle âgée. Elle comprend ses enfants (parfois de trois âges différents) et les enfants de ceux-ci. Les jeunes mâles quittent la famille lorsqu'ils ont une quinzaine d'années, ou en sont chassés : ils vont rejoindre le groupe des mâles de la bande.

Il existe d'ailleurs des bandes uniquement composées de mâles : des « proscrits », en somme. De plus, quelques mâles vivent en solitaires. Ce sont de vieux éléphants qui finissent par mourir de faim après avoir perdu leurs dents. Ils se réfugient en général dans un marais où la végétation est plus facile à mâcher.

Cet hippotrague *(une grande antilope) est une proie difficile pour les lions, ou plus exactement pour les lionnes, car ce sont surtout elles qui chassent.*

Quand les loups se font menaçants, *les bœufs musqués forment le carré, les femelles et les jeunes au milieu... Les loups battent en retraite.*

Les mammifères et les odeurs

Elles interviennent notamment dans le rapprochement des mâles et des femelles. De plus, les mammifères « marquent » leur territoire à l'aide de substances odorantes (phéromones), ou de leur urine, ou de leurs excréments. Tout le monde a pu remarquer comment un chien, au cours de sa promenade, déposait un peu d'urine pour indiquer son passage. Le chevreuil se frotte la tête contre les arbres pour y déposer le parfum que sécrète une de ses glandes. Les lapins de garenne déposent de petits tas de crottes qui avertissent les lapins d'une autre colonie que les lieux sont déjà occupés...

Et les cétacés ?

Il est très difficile, on s'en doute, de pénétrer l'intimité des cétacés qui vivent en pleine mer. Néanmoins, des observations ont pu être faites à leur sujet.

Les dauphins sont polygames. Leur groupe de base comprend, en général, un mâle, deux ou trois femelles et des jeunes. Leurs troupes sont parfois plus importantes, mais l'on y retrouve tou-

__Deux dauphins__ en aident un troisième, malade, à respirer à la surface.

***Combat entre deux hippopotames** mâles pour la possession des femelles. Leurs défenses sont des armes redoutables.*

jours une hiérarchie dominée par les mâles les plus robustes. C'est surtout la crainte des orques qui pousse les dauphins à former des bandes plus nombreuses.

Comme chez les lions et les éléphants, il existe, chez les dauphins, des « marraines » qui s'occupent des nouveau-nés.

Quelques observations ont été faites sur la vie sociale des grands cétacés. Chez les cachalots, le troupeau est dirigé soit par un mâle, soit par une femelle.

Souvent plus de femelles que de mâles

Nous aurons remarqué que certains mammifères sont polygames, c'est-à-dire que chaque mâle a plusieurs femelles : il possède donc un harem.

De nombreux oiseaux aussi sont polygames, par exemple les paons, les faisans, les tétras ou coqs de bruyère, et, bien entendu, le coq domestique. De même, le troglodyte, ce minuscule passereau à

Le Grand Trek

Le springbok est une gracieuse antilope d'Afrique australe. Jadis, les springboks effectuaient des migrations comparables à celles des bisons. Ils se réunissaient en bandes immenses, qui se mettaient en route, pour des raisons qui restent mystérieuses. Leur bande pouvait compter jusqu'à cent millions *de sujets ! Les troupeaux d'animaux domestiques étaient balayés par le passage des springboks, les sources taries par l'amoncellement de leurs cadavres ! Comme les lemmings, ils arrivaient à la mer et s'y noyaient. On vit un jour des cadavres de springboks joncher la côte sur cinquante kilomètres...*
Cette migration était appelée le Grand Trek : ce nom fut aussi donné à l'exode des Boers devant les Anglais. Le dernier grand Trek des springboks remonte à 1896.

Deux de ces springboks, *excités, sont en train de bondir : ils peuvent s'élever, sans élan, à trois mètres de haut !*

A l'automne, les cerfs brament *(à gauche), se battent entre eux (au milieu) et se constituent un harem (à droite).*

Les bisons et le ravin

Jadis, les bisons américains formaient d'immenses troupes qui parcouraient la Grande Prairie. Parfois, lors d'une tempête de neige, la tête de la colonne arrivait au sommet d'une falaise à pic. Les bisons qui ouvraient la marche se rendaient compte du danger et s'arrêtaient. Ou plutôt essayaient de s'arrêter, car les suivants poussaient, continuaient à avancer, poussaient toujours. En 1858, cent mille bisons périrent ainsi...

queue relevée que nous avons tous vu, est polygame.

Chez les mammifères, un bon exemple de polygamie est fourni par le cerf de nos forêts. En octobre, les cerfs poussent des sortes de beuglements ou de rugissements : c'est le brame. En même temps, ils se battent pour la conquête des femelles. Presque tous les cerfs finissent par avoir plusieurs biches. Il faut donc, chez les espèces polygames, que les femelles soient plus nombreuses que les mâles.

L'inverse de la polygamie, c'est-à-dire le fait pour une femelle de posséder plusieurs mâles, est bien plus rare. C'est la polyandrie. On l'observe chez certains oiseaux.

La « guerre » chez les chimpanzés

On considère que le chimpanzé est le singe le plus intelligent. Polygame lui aussi, il forme des groupes qui comprennent un mâle dominant, plusieurs autres mâles, des femelles et des jeunes.

Or, un phénomène très curieux a été récemment observé chez les chimpanzés. Il arrive qu'un groupe de ces singes attaque une bande moins forte, à coups de dents, de mains, de pieds. Les attaquants lancent des projectiles, au point de blesser ou même de tuer leurs congénères. Il s'agit d'une sorte de guerre. Un tel comportement est très rare chez les animaux.

En effet, si beaucoup de ceux-ci tuent des animaux d'une autre espèce pour se nourrir — ce que l'on appelle la prédation —, ils ne s'entretuent généralement pas au sein d'une même espèce.

L'agressivité est-elle utile aux animaux ?

Néanmoins, les animaux se livrent parfois de violents combats, par exemple pour la conquête des femelles. Il suffit de rappeler le cas des cerfs. La défense du territoire est aussi la cause d'affrontements. Comme l'est la conquête d'une position supérieure dans la hiérarchie : chez les chats, le « caïd » vieillissant

La migration tragique des lemmings

Certaines années, ces petits rongeurs de Scandinavie se rassemblent en troupes immenses qui dévalent les montagnes. Si un lac ou une rivière (à droite) se trouve sur leur passage, ils le traversent à la nage. S'ils rencontrent une maison sur leur chemin, ils entrent par la porte... et sortent par la fenêtre.

Les lemmings finissent par arriver à la mer. Ils s'y précipitent, grimpant sur les bateaux d'où ils plongent à nouveau. Leurs petites têtes émergent un moment par milliers, ils nagent de toutes leurs forces, mais, finalement, se noient.

Et pourtant, il ne s'agit pas d'un vrai suicide. Les lemmings sont simplement emportés par leur ardeur de migrateurs. Heureusement, quelques-uns survivront et prendront le chemin du retour pour perpétuer leur espèce.

Des coyotes garde-frontières

Les coyotes, sortes de loups d'Amérique du Nord, défendent sévèrement les limites du territoire de leur bande. Si un coyote d'une autre bande tente d'y pénétrer, il est poursuivi et refoulé par l'un des coyotes qui occupent les lieux, parfois sur trois kilomètres !
Les violations de frontières sont surtout nombreuses si le territoire en question est riche en charognes ou en proies. Les réserves de vivres d'un groupe sont gardées par les coyotes qui n'ont pas charge de famille.

est attaqué par des chats plus jeunes.

Une telle agressivité a son utilité. Elle contribue à répartir les animaux d'une même espèce sur une grande surface ; ainsi ils exploiteront mieux les ressources alimentaires de leur milieu naturel.

Et puis, nous l'avons vu, l'agressivité n'entraîne normalement pas d'effusion de sang. En effet, lorsque deux animaux de même espèce se battent, le vainqueur fait grâce au vaincu. C'est ce qu'on appelle un processus d'inhibition. Par exemple, quand un loup est étendu sur le dos, devant son vainqueur, il présente sa gorge à celui-ci, et ce dernier, qui pourrait facilement y enfoncer ses crocs, le laisse alors repartir.

Deux chats sauvages mâles *se battent. Cette belle espèce habite encore de nombreuses régions de France. Remarquez sa queue annelée, en massue.*

Et chez l'homme ?

L'agressivité n'est pas « désamorcée » comme elle l'est chez les chiens ou les loups. C'est pourquoi la violence subsiste chez l'être humain, malgré les convictions religieuses ou philosophiques, malgré aussi, les institutions qui sont supposées la contrôler, telle l'O.N.U...

Voilà pourquoi il serait faux d'expliquer le comportement des hommes par celui des animaux. Inversement, il serait tout aussi absurde d'expliquer la vie sociale des animaux par celle des hommes : nous avons déjà vu que la

Un loup mâle *a été vaincu par un autre. Il se couche le ventre en l'air, en signe de soumission. La volonté de mordre du vainqueur est ainsi « bloquée » on parle alors d'inhibition.*

reine des abeilles n'est pas une reine au sens humain du terme.

De l'instinct à la culture

Chez les animaux, beaucoup de comportements sont innés, c'est-à-dire qu'ils les possèdent dès la naissance. C'est ce qu'on appelle l'instinct. Cependant, chez les oiseaux et les mammifères, il s'y ajoute des comportements acquis, c'est-à-dire obtenus par l'éducation de la part des parents, par l'apprentissage, l'imitation, etc. Certains de ces comportements sont véritablement intelligents.

Chez l'homme, les comportements innés sont très réduits, et les comportements acquis fort importants : ils correspondent à ce qui constitue la « culture ». C'est pourquoi il n'y a presque pas de comparaisons possibles entre une société humaine et une société animale.

Un chimpanzé mâle dominant *effraie ses congénères avec les branches qu'il a cassées. Les autres chimpanzés en seront quittes pour la peur. En d'autres occasions, les affrontements, chez cette espèce, peuvent être sanglants.*

Petit lexique des termes désignant les animaux en sociétés

Banc : Bande ou troupe de poissons ou autres animaux aquatiques (parfois fixés).

Bande : Petit groupe d'animaux variés.

Choucassière : Colonie de choucas (peu employé).

Colonie : Rassemblement, pour la reproduction, d'oiseaux, mammifères, insectes, etc. On parle aussi de colonies de coraux et autres invertébrés fixés.

Colonne : Troupe en marche de fourmis, grands mammifères, etc.

Compagnie : Groupe de perdrix.

Corbeautière : Colonie de corbeaux freux.

Dortoir : Rassemblement d'oiseaux pour la nuit.

Essaim : Masse grouillante d'abeilles (surtout).

Formation : Vol d'oiseaux (peu employé).

Fourmilière : Colonie de fourmis.

Groupe : Petite troupe.

Guêpier : Nid de guêpes.

Harde : Bande de cerfs ou autres ruminants.

Héronnière : Colonie de hérons.

Horde : Bande de loups ou autres carnivores.

Meute : Troupe de loups ou de chiens.

Nid : Construction en vue de la reproduction.

Nuage : Vol de criquets, d'oiseaux (étourneaux).

Nuée : Vol d'oiseaux, de criquets.

Récif : Formation due à des colonies de coraux ou d'autres invertébrés.

Rookery (de l'anglais *rook*, corbeau freux) : Colonie de corbeaux freux, ou autres espèces. (Terme franglais remplacé par corbeautière.)

Société : Terme général pour les rassemblements d'animaux.

Termitière : Colonie de termites ; l'édifice qu'ils ont construit.

Troupe : Terme général pour une bande d'animaux.

Troupeau : S'applique surtout aux mammifères domestiques et aux oies.

Voilier : Grand vol d'oiseaux (peu employé).

Vol : Bande d'insectes ou d'oiseaux en vol.

Volée : Petit vol.

Index

Les chiffres en italique renvoient aux illustrations.

Table des matières

Sources Iconographiques

Alauda (Tout l'Univers) : 60. J. Barber : 12, 64-65, 71, 74, extraits de La Vie Secrète des Bêtes « Le Grand Nord ». 2-3, 15, 21, extraits de La Vie Secrète des Bêtes « Lacs et Rivières » 6, 9H, 41, extraits de La Vie Secrète des Bêtes « La Campagne ». R. Dalet : 5, 58, 59, 62-63, 66, 75, extraits de « Parades et combats du monde animal ». Hachette : 7, 13, 14, 17, 24, 25, 28B, 45, 49, 50-51, 52, 53, 54, 61. Jacana : 11 (Beaufle-Varin), 16 (Varin-Visage), 29 (K. Ross). Marka/mauri (Tout l'Univers) : 56-57. C. Nuridsany/M. Pérennou : 23. J. Olivier : 65B, extrait de La Vie Secrète des Bêtes « Les océans ». A. Oussenko : 18-19, 27H, extrait de La Vie Secrète des Bêtes « La Savane ». Pasotti (Tout l'Univers) : 33. J. Six : 35. W. Weber : 8, 9B, 46-47, 67, extraits de La Vie Secrète des Bêtes, « Les Déserts ». Dessins extraits de TOUT L'UNIVERS : M.-P. Team : 20. G. Pozzi : 30, 31, 39. E. Giglioli : 37.

Imprimé en Italie
par Tipolitografia G. Canale & C.S.p.A. - Turin
Loi n° 49.956 du 16.07.1949
sur les publications destinées à la jeunesse
ISBN : 2.245.02159.2
N° d'éditeur : 7276
Dépôt légal : septembre 1988 (2)